Antoine de Saporta

À Marseille
Savons et Bougies

étude

ISBN : 978-1534854550

10 9 8 7 6 5 4 3 2 1

Antoine de Saporta

À Marseille
Savons et Bougies

étude

Table de Matières

Introduction

Au cours de l'étude d'ensemble que nous avons jadis publiée ici même sur les huiles végétales et l'industrie huilière, nous avons mentionné, à diverses reprises, bougies et savons. C'est ce sujet que nous voudrions examiner aujourd'hui, d'un point de vue plus spécial, en parcourant les usines de Marseille. Il est inutile de s'appesantir sur l'épreuve que cette vieille et glorieuse cité subit en ce moment, et du reste, la crise dont elle souffre n'est pas la première qui l'ait éprouvée. Mais, comme dans le passé, l'industrie vient encore au secours du commerce pour empêcher la ruine complète de notre grand port méditerranéen.

Partie I

Aux érudits de rechercher l'origine et le développement progressif de l'emploi du linge de corps. En tous cas, il n'est pas besoin de réfléchir longtemps pour comprendre la nécessité de nettoyages périodiques, suffisants pour rétablir la propreté primitive du tissu, sans l'altérer. On reconnut de bonne heure que les cendres des végétaux, malaxées avec l'eau, lavaient parfaitement les fibres végétales et qu'en particulier, les résultats étaient excellents avec le résidu de l'incinération de certaines plantes maritimes des bords de la Méditerranée. L'élément actif résultant de la combustion était ce que toutes les ménagères connaissent et emploient sous le nom de « soude, » de « carbonate de soude, » de « cristaux de soude. » Fréquemment aussi on se sert dans le commerce de la dénomination parfaitement erronée de potasse ; et, en effet, la potasse pourrait remplacer la soude dans la plupart de ses usages, n'était son prix assez élevé.

On apprit également de bonne heure à « raffiner » la soude brute, c'est-à-dire à la purifier, et les chimistes s'aperçurent encore que les propriétés corrosives de la soude raffinée s'exaltaient au contact de la chaux éteinte. C'est ce qu'on appelle « caustifier » en industrie. Suivant les théories de la chimie moderne, cette soude raffinée constitue du « carbonate de sodium » qu'on peut envisager comme une combinaison d'acide carbonique et d'oxyde de sodium, la

« soude caustique » ou alcali est de l'« hydrate de sodium, » autrement dit une copulation de l'eau avec ce même oxyde. Vieux préjugé contraire à la vraie philosophie naturelle, et condamné aujourd'hui, l'hypothèse dualistique facilite quelquefois la clarté du langage et des expositions, et c'est pourquoi nous venons de l'employer. L'eau de l'hydrate sodique ne joue d'ailleurs aucun rôle et l'acide carbonique n'en remplit qu'un très effacé aussi ; néanmoins, il tempère un peu la violence de l'alcali.

A proprement parler, l'alcali ne nettoie pas ; il brûle tout ; de là son appellation de caustique. Le carbonate, lui, détache bien, mais corrode un peu trop énergiquement encore. Nos ancêtres s'aperçurent qu'en faisant cuire l'alcali caustique avec de l'huile ou un corps gras quelconque, il résultait du mélange de ces deux liquides une sorte de pâte, assez soluble dans l'eau froide, mieux encore dans l'eau chaude, et qui jouissait du privilège de déterger parfaitement les étoffes sans les brûler. Le savon était trouvé. Il lave comme sel alcalin, comme dissolvant des matières grasses, résinoïdes, colloïdes, comme lubrifiant, qui oint et détache les corps étrangers insolubles.

Nous ne saurions dire dans quelle ville prit naissance l'industrie de la préparation de cette pâte, mais, à coup sûr, ce fut sur les bords de la Méditerranée, et cela d'autant plus que l'usage du coton venait d'Orient. Aussi, pour fabriquer le savon, fit-on emploi du corps gras le plus répandu alors dans la région, c'est-à-dire d'huile d'olive de qualité inférieure. Quant à la soude brute et impure, ultérieurement raffinée et caustifiée, on la tirait des plantes marines croissant sur les terrains salés ou lagunes des cordons littoraux, soit de l'Espagne, soit du Languedoc, soit de l'Egypte. Ce dernier pays fournissait un produit minéral ou à peu près équivalent, le « natron. »

Au XVIIe siècle, la savonnerie de Marseille avait déjà une énorme importance et contribuait à enrichir la cité ; mais, là comme partout, la loi de la concurrence forçait les usiniers à produire beaucoup et vite au détriment de la qualité obtenue, et c'est pourquoi, le 5 octobre 1688, paraissait un édit du roi réglementant le fonctionnement des manufactures savonnières.

L'article Ier interdit, sous peine de confiscation de la marchandise, de préparer du savon pendant les trois mois de grosses chaleurs : juin, juillet, août. L'article II défend d'utiliser les huiles nouvelles avant le 1er mai. Cette huile employée, d'après l'article III, doit être pure, non mélangée de graisse, et sera combinée avec de la cendre de « barille [1] » pure, le tout cuit convenablement (article IV). Après la cuisson, le refroidissement dans les « mises » ou bassins doit se prolonger assez longtemps (article V). Aucune préparation ne pourra, au cours d'une de ses phases, se confondre avec la préparation suivante (article VI), sous peine de confiscation naturellement, puis d'une amende de 500 livres, et les feux ne devront pas s'éteindre au cours d'une même préparation (article VII). Enfin l'article VIII protège les acheteurs contre iles fabricants, en fixant la tare maxima à déduire du poids brut lors de l'achat du savon en caisse.

On voit par là qu'à cette époque la confection du savon de Marseille se ramenait à une sorte de cuisine instinctivement rationnelle et d'ailleurs très perfectionnée. Étant donné l'outillage imparfait du temps, étant donnée l'obligation pour le savonnier de ne lancer dans le commerce que des produits irréprochables, ces règles étaient au fond assez bien justifiées.

Pendant les lourdes chaleurs estivales du midi de la France, le savon se serait mal concrété après coction ; avec de l'huile souillée de graisse, il eût été mal réussi. D'autre part, à une époque et dans un pays où l'huile d'olive jouait un rôle alimentaire considérable, on ne voulait pas que le caprice d'un savonnier gaspillât avant les premiers indices de la récolte suivante un élément culinaire de première nécessité. Enfin il fallait confectionner à Marseille le savon d'une seule opération, comme un bon cuisinier procède à la cuisson d'un plat qu'il veut réussir. Tant pis pour le maladroit qui eût été tenté de corriger ou de reprendre une opération manquée sur sa marchandise à moitié faite. Revenir sur ce qu'il avait obtenu lui était interdit.

Dans la suite, les anciens abus renaissent de leurs cendres et de nouveaux se manifestent. On se croirait reporté à notre temps, car ceux qui signalent ces infractions et les dénoncent à l'autorité compétente réclament des créations de postes d'inspecteurs bien

1 La « barille » ou *Salsola vermicula* est la meilleure plante soudière connue, celle qui, après calcination, abandonne le plus de carbonate et le moins de sel marin.

Antoine de Saporta

rémunérés et, animés d'un noble zèle civique, se déclarent prêts à accepter l'emploi nouveau. En 1754, un arrêt du Conseil d'État remet en vigueur l'édit de 1688, mais non dans toutes ses dispositions, car on permet de violer désormais le chômage estival. La Chambre de commerce protestant, l'inhibition est rétablie six années plus tard. En revanche, l'arrêt de 1754 introduit une innovation qui dure encore au début du XXe siècle. Tous les fabricants sont dorénavant tenus de marquer lesdits savons blancs et marbrés de la marque qu'ils auront choisie et dont ils déposeront un double au greffe du juge des manufactures.

Nous avons le rapport des syndics inspecteurs de 1761, MM. Audibert et Labat associés à deux délégués de la Chambre de commerce, MM. Latil et Surian (ces deux noms encore honorablement représentés dans la grande famille des négociants marseillais). Ils constatent qu'à la date du 1er juin, tous les feux, conformément aux prescriptions légales, sont parfaitement éteints et que la qualité des marchandises en magasin ne laisse rien à désirer. Dès lors, ajoutent-ils, à quoi bon un inspecteur payé ? En 1773 le procès-verbal indique l'existence de 33 fabriques occupant en tout 150 chaudières. Peut-être relèverait-on quelques coïncidences entre les noms de leurs propriétaires à cette date et les raisons sociales actuelles, mais nous pouvons affirmer que plus d'un de ces établissements, presque tous groupés il y a cent trente ans entre le Vieux-Port et la colline de Notre-Dame de la Garde, ne s'est pas déplacé depuis et se perpétue encore. L'année d'après, MM. Clary et Conil, escortés d'un commissaire de police, font le tour des usines et ne se montrent guère moins satisfaits que leurs devanciers.

En 1787, à la veille de la Révolution, le marquis de Pilles, viguier, le maire, les échevins, les assesseurs, conseillers du roi, et le lieutenant de police de la ville, s'unissent pour rappeler énergiquement l'obligation d'imprimer sur les savons, avant leur sortie de fabrique, la marque déposée au greffe. Quatre ans plus tard (mai 1791) la municipalité de Marseille, à la suite de plaintes répétées des consommateurs, promulgue une ordonnance dont l'esprit est curieux car, loin de résumer des doléances à l'encontre des règlements de l'ancien régime, les considérants accusent sans cesse la négligence fâcheuse des antiques restrictions ; ils rappellent à l'ordre les savonniers peu scrupuleux qui cuisent en été et diluent leurs lessives à tel point qu'il se trouve dans les pâtes vendues autant d'eau surabondante que de savon, de manière que les filateurs de Nîmes ne peuvent plus décreuser leurs soies avec cette marchandise frelatée. Toutes les primitives défenses sont remises en vigueur, — fait peu banal et peut-être unique à cette époque, — et le corps d'inspecteurs est doublé par l'adjonction de quatre nouveaux délégués qui s'occuperont spécialement de faire des descentes dans les fabriques et de vérifier la loyauté des savons, marseillais d'origine ou importés. Un fabricant, le sieur Bernard, a indiqué une méthode très pratique en vue du dosage des corps étrangers, de l'humidité et elle sera appliquée par Besson et Deserre, chimistes officiels, aux échantillons suspects dont on aura fait saisie.

En lisant l'exposé du procédé, on a peine à croire qu'il s'agisse de chimie analytique et non de cuisine. Comme réactif, du sel ; comme matériel, un poêlon (*sic*), une écumoire. Certains détails opératoires, comme la conduite du feu, complètent l'illusion culinaire que dissipe à peine l'emploi de la balance et du filtre.

Les événements cependant se précipitent. Dix années s'écoulent. Que devient la situation de la savonnerie de Marseille à l'aurore du nouveau siècle, au début du Consulat ? Un mémoire du 23 septembre 1801 nous renseigne à ce sujet : la savonnerie, par miracle, a pu se maintenir et ralentir un peu la décadence de Marseille. On compte 75 fabriques totalisant 331 chaudières, et chacun de ces récipients, autrefois comme aujourd'hui, a cent « millérolles » de capacité moyenne (cette mesure locale inusitée de nos jours contient à peu près 60 litres). On emploie pour le travail annuel un véritable océan d'huile, — environ 250 000 milléroles, soit 150 000 hectolitres, — et cette huile paye malheureusement un droit total de 8 fr. 50 par millérole, soit 14 francs par hectolitre, à l'entrée en France. On se plaint de la concurrence des usines similaires d'Espagne, de Toscane et de Gênes (cette dernière était déjà une rivale !) ; elles reçoivent librement les huiles et importent des savons en France. Il existe aussi d'autres savonneries dans le reste du département des Bouches-du-Rhône et dans le Var ; mais, même réunies, elles ne peuvent soutenir la comparaison avec l'ensemble des établissements de Marseille.

Antoine de Saporta

Notre ville rappelle, à très juste titre, les souffrances qu'elle vient d'endurer et continue à récriminer avec tout autant de raison au sujet de la perte presque absolue du débouché des colonies d'Amérique et de l'Inde, quoique l'exutoire nouveau de la Belgique et des pays rhénans annexés la dédommage dans une certaine mesure. L'arrivée des soudes d'Espagne et du Levant laisse à désirer ; et pourtant que d'avantages, dit le rapport, présenterait le complet rétablissement de ce courant d'échanges qui permettrait d'exporter des étoffes et de la quincaillerie !

De la soude artificielle, pas un mot, quoique l'invention fût déjà connue et appliquée ; on se contente de réclamer une culture plus intensive des plantes sodiques en Camargue et sur d'autres points du littoral français. Evidemment les fabricants qui présentent à Chaptal, ministre de l'Intérieur, leurs revendications, répugnent au progrès ; ils insistent énergiquement sur la prohibition estivale, dont la négligence, affirment-ils, nuit considérablement aux intérêts des usiniers traditionnels et loyaux. D'ailleurs, il est aussi naturel qu'avantageux que les deux ou trois mille ouvriers savonniers goûtent un repos annuel bien gagné, également profitable aux bâtiments et aux ustensiles. Quant au fabricant lui-même, toujours un peu spéculateur, il achètera ses matières premières dans de meilleures conditions pendant les vacances. Suivent 45 signatures de patrons, avec noms et adresses. Beaucoup de ces noms se reconnaissent ; il n'en est pas de même des adresses, les rues étant encore désignées par leurs noms révolutionnaires, effacés depuis.

L'industrie savonnière reste stationnaire durant la période des grandes guerres du premier Empire. Les soudes d'Espagne et du Levant n'arrivent qu'en petites quantités et irrégulièrement ; on cherche à les remplacer par les produits d'incinération des plantes à terrains salés de Camargue ou, comme la qualité des soudes d'Arles laisse à désirer, on se rabat sur les cendres des salicornes de la campagne romaine. Naturellement les grands établissements dirigés par des industriels riches, intelligents et audacieux, résistèrent, tandis que, peu à peu, les petites usines sombrent les unes après les autres, à la suite d'épreuves répétées. Pour atténuer les risques qu'ils courent, plusieurs savonniers cherchent une compensation dans la fraude, en dépit des objurgations de la Chambre de commerce qui insiste périodiquement pour la restauration des antiques règles. Comme les huiles d'olive n'arrivent pas toujours régulièrement de Toscane ou de Ligurie, on fait intervenir en savonnerie les huiles de noix de Test de la France, on utilise même les graisses ; on additionne les produits de matières inertes ; on les « gonfle » d'eau.

L'Empereur, ému de ces plaintes, rend deux décrets. L'un, daté de 1811, impose l'obligation d'une marque, avec l'indication de la nature du corps gras générateur, du nom du fabricant, du lieu d'origine. L'autre, postérieur, accorde à la ville de Marseille l'usage exclusif d'un « pentagone » qu'on voit encore imprimé aujourd'hui sur les vrais savons marseillais à l'huile d'olive, faveur qui ne réussit guère à améliorer les rancunes du commerce de Marseille envers Napoléon Ier.

Millin, l'auteur d'un curieux *Voyage dans le Midi de la France*, en 1808, décrit sommairement les opérations de la savonnerie, il y a un siècle. La soude végétale est « décarbonatée » par la chaux, et lessivée à différentes reprises ; ces lessives, de force inégale, sont rationnellement mélangées et introduites par degrés dans les vastes chaudières au sein desquelles bouillonne l'huile. On cuit, on brasse, la pâte épaissie surnage ; on éteint le feu ; la liqueur est soutirée par un conduit inférieur ou « épine. » On rallume, on dissout le savon par l'eau chaude ; on ajoute encore de la lessive ; on recuit ; on éteint de nouveau ; on soutire pour la seconde fois. La pâte fluide puisée avec des seaux est coulée dans des « mises » en planches sur lesquelles elle sèche et durcit. En ajoutant du sulfate de fer, on obtient le savon veiné ou marbré. Trois livres d'huile doivent fournir cinq livres de bon savon, point trop aqueux, en l'absence de chaux, plâtre, ou argile.

La période de la Restauration, quoique très prospère pour le commerce en général, coïncide avec une crise savonnière assez grave. A cette époque, en effet, l'industrie de la soude factice prenait décidément son essor en Provence, au grand détriment de la végétation des alentours des usines.[1] Comme le sel marin ou chlorure de sodium peut être envisagé, toujours dans l'hypothèse

---

1 C'étaient les fumées du gaz chlorhydrique qui détruisaient la végétation aux approches des fabriques de soude, surtout au sud-est des établissements, dans le sens où le mistral souffle.

Antoine de Saporta

dualistique, comme une association d'acide chlorhydrique et de soude, on avait reconnu qu'il était possible d'abord d'expulser à chaud l'acide chlorhydrique par l'acide sulfurique, agent plus énergique, et ensuite de chauffer le sulfate de soude obtenu avec de la craie et du charbon en vue d'obtenir un carbonate de soude, assez impur, souillé de matières résiduelles très diverses, mais néanmoins susceptible d'être caustifié et de faire du savon.

Cette substitution de la soude factice à l'ancienne soude végétale n'alla pas sans soulever quelques regrets dans le monde de la savonnerie. Tout Marseillais est volontiers spéculateur, comme nous l'avons dit ; or, à une substance importée de loin, avec frais et risques, on substituait une drogue sortie d'une usine presque contiguë. Plus moyen désormais de jouer sur les cours des soudes d'Egypte ou d'Alicante ! Adieu la vieille routine de préparation, ou pour mieux dire l'antique cuisine ! il fallut que le savonnier renonçât à ses habitudes traditionnelles plus que centenaires et apprît la chimie. Avec ou sans son aide, il reconnut bien vite que le savon de pure huile d'olive à la soude factice, n'était pas parfait, mais se montrait trop dur, et qu'en ajoutant un peu d'huile de graines, on corrigeait ce défaut. Grave question. Ces nouveaux savons ainsi mixturés ont-ils droit à l'estampille propre à l'olive ? La Chambre de commerce de Marseille soutient que non ; mais le Comité consultatif des arts et manufactures trouve le scrupule exagéré et déclare qu'on ne peut, après tout, ni entraver la marche des usines à soude, pour satisfaire les importateurs de soude végétale, ni fermer un large débouché aux huiliers du Nord. Quant à la marque, elle ne signifie qu'une chose : tout bonnement que le savon est de qualité extra.[1]

Sous le règne de Louis-Philippe, la crise est déjà conjurée. Moins nombreuses, les fabriques, réduites à 45, dirigées par 35 propriétaires, occupent aussi moins d'ouvriers que jadis (700 seulement), mais travaillent beaucoup. On s'aperçoit qu'au grand avantage du commerce maritime au long cours, le beurre ou huile de palme de Guinée peut produire un savon bon marché, d'une qualité très convenable et ayant l'avantage de se dissoudre dans

---

1   Aucune réaction chimique alors connue ne permettait, à cette époque, de distinguer spécifiquement l'huile d'olive surtout saponifiée. Poutet, dont nous avons déjà parlé dans notre précédent travail, n'avait pas encore commencé ses curieuses recherches.

l'eau salée. Manchester, depuis longtemps, avait devancé Marseille dans cette voie. « C'est à la vue de ce savon, — dit en 1865 un personnage de *la Famille Benoiton* de Sardou, qui vient de visiter l'Angleterre, et raconte ses impressions, — c'est à la vue de ce savon, que j'ai compris tout l'orgueil de la puissance humaine ! »

Pour retourner à Marseille, on n'ignore pas combien, sous l'ancien régime, les coalitions ou *trusts* étaient défendus. Il y avait eu quelques tentatives de ce genre dès l'époque de Colbert : achats ou monopolisation de matières premières, ouvriers exercés qu'on payait seulement pour ne rien faire, et ne pas s'engager chez des manufacturiers rivaux. En pleine monarchie de Juillet, les fabricants de soude, trouvant leurs gains insuffisants, se coalisent à diverses reprises et soutiennent une lutte habile et acharnée contre les savonniers ; ils finissent par vendre plus de 7 francs un produit qui leur en coûte moins de 5 à obtenir. La législation d'alors, traduite par l'article 419 du Code pénal, ne badinait pas sur des manœuvres de ce genre. D'honorables industriels comparaissent devant le tribunal de Marseille, et chacun des contrevenants encourt 6 000 francs d'amende, jugement que confirme plus tard la cour d'Aix, laquelle toutefois efface le mois de prison dont les premiers juges avaient gratifié le seul spéculateur qui eût été frappé d'une peine corporelle.

C'est à ces quelques traits, choisis parmi les plus curieux que nous aient fourni les archives de la Bourse et quelques ouvrages bien documentés, que nous bornerons la partie historique de notre travail, quoique l'examen des périodes ultérieures nous eût fourni plus d'un détail intéressant.

Partie II

Pendant l'année 1902, la production de la savonnerie marseillaise a dépassé 124 millions de kilogrammes ; durant l'année 1903, le chiffre, en léger progrès, s'est élevé à 128 millions. Tenons-nous en aux premières données : nous pouvons subdiviser cette énorme masse en trois parts très inégales. Quatre millions de kilogrammes de savon d'industrie pour le décreusage des soies, à 68 francs les 100 kilos ;

Antoine de Saporta

Plus de 113 millions de kilogrammes de savons unicolores à base d'huile concrète ou d'huile de coco à 47 francs le quintal métrique. C'est de beaucoup la fraction la plus importante.

Près de 7 millions de kilogrammes de savons marbrés bleu pâle ou bleu vif à 45 francs les 100 kilos.[1]

La plus grande partie des produits dont nous nous occupons s'écoule par la gare des marchandises de Saint-Charles (64 millions) ; le cabotage desservant les ports français de la Méditerranée et de l'Océan enlève 28 millions de kilos ; l'exportation au long cours en soutire une proportion plus faible, 21 millions seulement ; la consommation marseillaise en dévore 6 millions et diverses localités des alentours, Bouches-du-Rhône, Var et Vaucluse, assez rapprochées pour être desservies par voitures, en réclament à peu près autant.

Qu'ils voyagent outre-mer ou franchissent la frontière territoriale, les produits des usines phocéennes s'acheminent surtout vers l'Algérie ; puis vient la Tunisie, suivie elle-même de l'Angleterre, la Belgique, l'Italie, la Turquie, la Suisse. Les demandes tendent à devenir plus nombreuses en Italie, Roumanie, Indo-Chine française, Chine, Australie, en même temps que s'accroît le degré de bien-être ou de civilisation de ces contrées. Quant aux nègres du Sénégal, s'ils envoient au marché de Marseille force matières premières, ils réclament aussi des savons en masses toujours croissantes.

Nous sommes loin du bon vieux temps où il était interdit de fabriquer du savon avec une autre matière grasse que l'huile d'olive, dont on n'avait du reste aucun moyen de contrôler la pureté. Aujourd'hui, qui oserait crier à la fraude, lorsque la proportion d'huile étrangère, très facile à doser, ne surpasse pas une faible fraction ! Une pièce de vingt francs ne contient que 90 pour 100 de métal fin, et encore moins si on se fonde sur les volumes respectifs des métaux : hésiterons-nous pour cela à déclarer qu'elle est en bon or ? Le savon n'étant pas un produit de consommation alimentaire, l'hygiène n'est pas intéressée en ce qui regarde sa composition chimique ; il suffit qu'il puisse jouer un rôle détersif pour l'industrie, le ménage, la toilette. S'il sent trop mauvais, le consommateur s'en

1 Les prix actuels relatifs aux savons autres que ceux d'olive se sont uniformisés depuis à 44 francs. Nous n'avons pas de renseignements pour 1904.

aperçoit : c'est le cas lorsque les huiles inférieures, — le colza par exemple, — dominent trop exclusivement.

En somme, l'olive, le coprah, le palmiste, l'arachide, le sésame, le coton, le colza, le ricin et bien d'autres huiles peuvent fournir des savons bons ou très convenables, plus ou moins durs, mais qu'un fabricant judicieux saura très bien combiner pour arriver économiquement à son but.

A propos d'adipologie, nous nous garderons d'entrer dans des détails trop techniques. Cependant il nous faut revenir sur ce que nous avons déjà dit dans notre précédent travail. Les corps gras constituent les éthers de la glycérine, ou, pour parler moins rigoureusement, mais plus clairement, les corps gras, huiles, graisses, beurres, résultent de l'union avec les acides gras, de la glycérine, ce liquide si employé en parfumerie. Combustibles, très riches en carbone, assez riches en hydrogène, pauvres en oxygène, les acides gras sont insolubles dans l'eau [1]: les uns sont liquides comme l'acide oléique, les autres, solides comme l'acide stéarique, qui constitue les bougies. Tous s'unissent volontiers aux oxydes métalliques, à la chaux, aux alcalis, pour lesquels ils délaissent la glycérine, qu'ils mettent en liberté. Dans le premier cas, celui de l'oxyde de plomb, pour fixer les idées, il se forme ce que les pharmaciens appellent un « emplâtre ; » dans le second cas, un savon calcaire, sans intérêt parce qu'il n'est pas soluble, prend naissance ; dans le troisième cas enfin, il se produit un sel de soude ou de potasse, très soluble comme tous les composés alcalins et doué de propriétés détersives : ce sont les savons dont nous usons quotidiennement.

Tout naturellement nous arrivons maintenant à la question de l'analyse des savons commerciaux. Un savon a-t-il la valeur marchande que lui attribue le vendeur ? De tout temps, sous l'ancien régime comme aujourd'hui, on a eu recours, comme nous l'avons déjà indiqué, à un moyen bien simple d'augmenter artificiellement le poids brut du savon. C'est de lui faire absorber une proportion d'eau surabondante ; il ne faut pas oublier que le savon préparé

[1] Il existe des acides gras solubles dans les termes de la série les plus pauvres en carbone et hydrogène : par exemple l'acide butyrique qui entre dans la composition du beurre. Cet acide s'assimile très bien les bases, fournit des dérivés solubles et dialysables (c'est-à-dire susceptibles de filtrer à travers les membranes poreuses) mais qui n'ont pas la stabilité des combinaisons des acides gras plus carbonés.

Antoine de Saporta

suivant les règles en contient déjà beaucoup. Seulement, comme cet excès d'eau ramollit par trop la marchandise, le sophisticateur pour lui redonner de la consistance est obligé de la surcharger de matières inertes et dures, en sorte que la fraude se double. Ainsi M. Milliau, le directeur du laboratoire officiel des huiles et corps gras du ministère de l'Agriculture et dont le nom jouit d'une notoriété universelle en matière d'adipologie, a analysé un jour un échantillon de soi-disant savon qui contenait tout juste 5 pour 100 de matière utile. Autant vaudrait presque, remarquait devant nous ce chimiste, nettoyer du linge avec des morceaux de pierre à bâtir.

Au contraire, après dessiccation à l'étuve, un savon honnêtement fabriqué ne doit pas diminuer de plus du tiers de son poids par l'humidité perdue, et de même les meilleurs produits de Marseille ne donnent pas au-delà d'un ou deux dixièmes de parties fixes étrangères, quelquefois moins. Chose curieuse, cette minime dose de « non-savon » renferme des éléments extrêmement disparates : du sel marin, des carbonate et sulfate de soude, des traces d'alcali caustique Tous ces résidus sont solubles, et il en est de même des traces de glycérine enrobées dans la masse. Quant aux produits d'addition non susceptibles d'agir en bien ou en mal, ils s'offrent nombreux au fraudeur qui, pour charger son savon, a le choix entre le talc, le kaolin, la baryte, la craie, le plâtre, la fécule…

Parmi ces corps dont l'analyse chimique élémentaire permet de reconnaître la présence, le talc mérite une mention à part. Bien entendu, il ne saurait nettoyer ; mais, gras et onctueux par sa nature, il s'incorpore à merveille au savon sans en trop modifier les caractères extérieurs et sans nuire aux propriétés détersives. Ce n'est qu'une simple « charge. » La résine, qui figure largement dans les savons falsifiés ou secondaires, exerce une action différente, car elle ne joue pas, comme le talc, un rôle purement inerte ; elle engendre avec les alcalis des résinates, capables d'absorber les corps gras, solubles dans l'eau pure, et même dans les eaux salées, calcaires ou magnésiennes. On sait que ces liquides minéralisés constituent la seule ressource disponible en eaux ménagères dans certains pays d'Afrique, comme l'Algérie, ou de l'Amérique, comme les États-Unis : aussi les savons résineux sont-ils souvent recherchés, et c'est en vue de rendre leur usage plus universel que la résine occupe une large place dans la constitution des savons anglais de certaines marques. Employée dans des intentions moins honnêtes, le résine sert aussi aux manufacturiers à ménager l'huile dans certains savons destinés à des emplois industriels.

Il est arrivé quelquefois à un chimiste facétieux de jouer un mauvais tour à un ami désireux de se laver les mains à fond, en lui présentant, avec le savon indispensable, une cuvette remplie non d'eau pure, mais d'eau aiguisée d'acide sulfurique ou chlorhydrique. Le nettoyage alors devient impossible parce que l'acide minéral décompose le savon, s'empare de la soude et met en liberté l'acide gras qui ne détache pas. Tel est aussi le moyen peu compliqué, en apparence du moins, qu'emploie le chimiste pour isoler et reconnaître l'acide gras qui sert de base à un savon. L'acide gras surnage ; il est facile de le séparer, de le dessécher, de le peser et, au besoin, de le neutraliser, à nouveau par l'alcali, De la donnée expérimentale de la pesée d'acide on revient au poids de l'huile génératrice en multipliant la masse trouvée par un coefficient convenable ne surpassant l'unité que de 5 p. 100 environ. Il est plus délicat de déterminer la nature même de l'huile, lorsque, par exemple, il y a intérêt à ce que l'olive ait fourni la matière première. Tantôt on traite l'acide gras par les vapeurs nitreuses qui le concrètent en cas de pureté, et c'est un procédé dû au pharmacien marseillais Poutet ; d'autres fois, on recourt à l'indice d'iode, c'est-à-dire au poids d'iode exprimé en grammes que peuvent fixer 100 grammes de l'acide gras suspect.

Cette dernière méthode est excellente pour déceler les huiles de graines ajoutées à l'olive, mais le fraudeur, de son côté, peut la déjouer en ajoutant judicieusement un peu de coprah, par exemple. Alors l'indice d'iode se confondra avec celui de l'huile d'olive. Lorsque le savon décèle ses composans par une odeur *sui generis*, le savonnier, avant de procéder à la cuisson, peut ajouter à son mélange d'autres corps qui masquent et détruisent le principe odorant. Le tour est joué et, il faut l'avouer, bien joué. De même le coton, intelligemment surchauffé, perd quelques-unes de ses propriétés chimiques caractéristiques. Ce qui complique le rôle du chimiste expert, c'est la variation, sans cesse renouvelée, des fraudes qui s'intervertissent et se déplacent mutuellement suivant les variations des cours qui, elles-mêmes, se rattachent à des causes agricoles, météorologiques, économiques, commerciales, d'une

Antoine de Saporta

complexité désespérante. Que ce soit pour gagner honnêtement, en émettant une marchandise loyale à juste prix, ou pour lancer, comme le font les rares brebis galeuses des usines du Midi, des produits inférieurs sophistiqués, le savonnier marseillais du XXe siècle est tenu d'être au courant d'une multitude de circonstances.

Parlons de l'alcali. Après la soude des plantes marines incinérées, après la soude artificielle Leblanc, est venue la soude à l'ammoniaque par le procédé Solvay, très pure et presque conforme à la formule chimique théorique. Elle joue maintenant en savonnerie un rôle important et présente l'avantage de permettre un dosage précis des matières premières à employer dans la cuisson, en simplifiant le travail du savonnier. Seulement, vu son absence d'impuretés, elle ne saurait convenir pour obtenir des savons dits « marbrés. »

Tellement nombreux sont les végétaux oléifères que la liste de ceux susceptibles d'engendrer des savons peut et doit s'élargir. Le lecteur connaît-il le savon au *karité* ? Non, sans doute ; et cependant il en usera peut-être dans quelques années. Nous faisons allusion au fruit d'un végétal de la famille des Sapotacées que les botanistes appellent un peu longuement *Butyrospermum Parkii*.[1] La Chambre de commerce de Paris a envoyé à différentes reprises des échantillons de *karité* au laboratoire adipologique de Marseille en vue d'expériences de saponification. Les essais de cuite, d'abord en petit au laboratoire, puis plus en grand, ont démontré qu'on pourrait tirer le meilleur parti de ce produit pour la fabrication des savons de toilette surfins. Or le *karité* peut arriver en abondance de l'Afrique occidentale française : une fois le fruit transporté par chemin de fer de l'intérieur à la côte, et le beurre extrait d'une façon plus propre et moins grossière qu'actuellement, le double problème économique et industriel aura fait un grand pas. Encouragé par ces résultats, le gouvernement de l'Afrique occidentale a chargé M. E. Milliau de procéder à des études plus complètes sur cette matière coloniale, tant au point de vue alimentaire qu'à celui de la savonnerie et de la stéarinerie. Une cargaison de 10000 kilos sera bientôt adressée à cet effet. La question, aux trois quarts résolue du reste, du savon au *karité* n'est pas la seule de son genre qui préoccupe en ce moment le laboratoire de Marseille. Ainsi Taïti, trop éloignée

---

1 Le corps gras s'extrait du noyau du fruit : ce dernier, charnu à pulpe comestible, de couleur jaunâtre, ovoïde, s'assimile comme grosseur à la prune.

de la métropole, réussira-t-elle à se soustraire au tribut qu'elle paie à Auckland sous forme de savon ? Probablement, car le coprah ou huile de coco se peut extraire sur place, et il s'agit de saponifier industriellement ce produit, sans lui adjoindre aucune huile fluide, l'île n'en fournissant point.

D'autre part des correspondances ont été échangées entre le directeur du laboratoire de Marseille et l'administration des vastes domaines privés que le Tsar possède dans le Turkestan russe, et dans lesquels prospèrent d'immenses plantations de coton devenues très productives, et dont les graines accumulées dégagent des torrents d'huile. Il y aurait un grand avantage à profiter des crasses ou résidus pour fabriquer sur place des savons qui trouveraient un débouché pour ainsi dire illimité au cœur de l'Asie centrale, sans craindre sur le marché la concurrence des savons d'Europe, dont le transport par chemin de fer est beaucoup trop onéreux. Il faut aussi persuader aux Asiatiques d'adopter les habitudes de propreté européennes, ce qu'on ne désespère pas de réaliser. Une savonnerie s'élèvera quelque jour dans la région de Merv, naguère si mal connue, et fonctionnera sur le plan des usines provençales, avec un matériel sans doute apporté de France. Quoique le savon de coton soit mou de sa nature, avec des tours de main scientifiques et rationnels, on ne désespère pas de l'obtenir suffisamment dur. D'ailleurs, il se créera bientôt vers la future usine un courant commercial convergent qui attirera les corps gras de l'Asie centrale, de la Chine.

Restent à trouver les alcalis. La compagnie Solvay et peut-être ses succursales du midi de la France les expédieront, non sous forme carbonatée, mais à l'état de bâtons de soude très riches en matière caustique, de façon à transporter par bateau et voie ferrée le maximum de matières utiles sous le moindre poids et le plus petit volume.

La guerre n'avait pas arrêté l'activité des pourparlers au cours desquels se discutait déjà la question de l'utilisation des sous-produits, traités par les meilleures méthodes de la chimie industrielle moderne. Mais, en présence des catastrophes actuelles, que sont devenus ces projets ?

Antoine de Saporta

Partie III

Les remarques précédentes nous serviront d'introduction en quelque sorte pour jeter un coup d'œil sommaire sur une savonnerie en activité. Celle que nous choisirons est une des plus anciennes et des plus importantes de Marseille, et en la visitant, en se renseignant sur place, on s'éclaire à la fois sur les procédés du passé et sur les progrès que la science chimique permet de réaliser actuellement.

Pour commencer, observons que les ouvriers des deux sexes ne figurent pas en très grand nombre dans les savonneries A production comparable, les huileries en occupent bien davantage et du reste, dans cette branche comme dans toutes les autres variétés d'industrie, on cherche, autant que possible, à réduire au strict minimum au profit des machines la main-d'œuvre à bras, moins à cause de son prix élevé que pour des motifs d'ordre plus moral qu'économique. De l'intérieur des chaudières dans lesquelles l'huile s'empâte avec l'alcali s'exhale un parfum plutôt agréable que nauséabond, et, en somme, l'industrie en question est assez salubre. Elle était peut-être plus hygiénique quoique moins inodore du temps, qui n'est pas tout à fait passé, où l'on usait de soude Leblanc, parce que ce produit renfermait toujours du sulfure de sodium comme les Eaux-Bonnes ou les sources de Cauterets. Pour les ouvriers, c'était garantie contre les épidémies, et le séjour dans l'atelier équivalait à un voyage aux thermes des Pyrénées. Il n'y avait pas non plus, en ce temps-là, de surmenage ; et, lorsque la fabrique se fermait ou seulement restreignait son activité pendant l'été, l'artisan savonnier, payé pour ne rien faire, allait tranquillement se livrer à la pêche, le sport favori du peuple marseillais.

Par exemple, les antiques opérations qui ne sont pas tombées partout en désuétude et se pratiquent encore ne brillaient pas par la simplicité et nos lecteurs perdraient patience à suivre la marche des « services » successifs destinés à amener dans les chaudières d'huile bouillante, tantôt de la soude douce (c'est-à-dire dépourvue de chlorure de sodium), qui saponifiait le corps gras, tantôt de la soude salée, qui forçait le savon incomplètement formé à surnager, tout en perfectionnant la cuisson, tantôt enfin de l'eau pure. Coction faite, on soutirait intérieurement, ou, en termes techniques, on « épinait » les soudes ayant joué leur rôle, lesquelles soudes resservaient souvent, non pour intervenir comme primitivement, mais dans les phases ultérieures d'opérations diverses relatives à d'autres charges d'huile. Petit à petit, le savon se combinait, se « liquidait ; » dans la masse de son eau de cristallisation il surnageait à la lessive surabondante et aux impuretés qu'on épinait définitivement k froid, et il achevait de se concréter dans les mises ou bassins. Quant aux résidus, aux lessives usées chargées de glycérine, elles étaient autrefois, sans plus de façon, précipitées dans la Méditerranée. Pour les savons dits « bleus, » ils devaient et doivent encore leur couleur à des traces de sulfate de fer qui, en présence des lessives sulfurées, se « réduit » et se convertit en sulfure noirâtre.

Il fallait autrefois attendre de longs jours avant que la combinaison d'une huile et d'une soude donnât un savon marchand. Aujourd'hui l'industrie moderne qui, on le sait, n'est pas patiente, procède plus vite. Bien entendu, on peut sans sortir de l'usine assister à toutes les périodes de la fabrication. Contenues dans des barils d'environ 500 litres et déchargées du camion, les huiles sont directement roulées dans la salle des chaudières, à moins qu'elles ne soient précipitées dans de vastes réservoirs souterrains, dont quelques-uns ne se remplissent que d'huile d'olive. Un essai rapide, dans un laboratoire contigu à la salle d'arrivée des huiles, contrôle la pureté de celles-ci. Ce laboratoire n'est pas immense, et comme personnel, employé ou matériel chimique, ferait maigre figure auprès de celui des essais techniques de la rue Sainte, dont nous avons parlé à différentes reprises dans ce travail et le précédent, mais il n'est pas pour cela dépourvu d'intérêt et nous y jetterons un coup d'œil en passant. Qu'y verrons-nous en sus du matériel nécessaire pour éprouver les huiles ? Les instruments alcalimétriques servant à reconnaître la basicité ou la causticité des soudes au moyen d'une liqueur acide titrée, dont une quantité suffisante et exactement mesurée, introduite au contact d'un poids donné de soude, détermine, sur une trace de principe colorant, un virage de teinte qui avertit le chimiste. Puis les réactifs argentiques, propres à rendre insoluble le chlore du chlorure de sodium, jusqu'au moment où le mélange, préalablement additionné de chromate de potasse, rougit subitement, ce qui dénote la précipitation intégrale du chlore et fait connaître par-là la dose de chlorure décomposé. Enfin les appareils servant à titrer la richesse des liquides résiduels en glycérine, problème assez complexe à résoudre. Celui que la chimie ne séduit pas contemplera avec plus d'intérêt la série des aromates destinés à imprégner les savons de toilette : tantôt ces principes se retirent des plantes : lavande, géranium, aspic, verveine, romarin ; tantôt, et c'est le cas le plus fréquent, ils ont pris naissance dans les usines, comme l'essence d'amandes amères et bien d'autres.

Le laboratoire donne dans la salle des chaudières : il y en a huit, contenant chacune 600 000 litres. Inutile de s'appesantir sur le sort qu'éprouverait un maladroit qui se laisserait choir au sein de cette masse bouillonnante, d'où s'échappent des torrents d'acide carbonique : l'alcali chaud décomposerait immédiatement ses chairs et seuls les os subsisteraient intacts. Comme presque toutes les phases de l'opération se poursuivent à l'intérieur de la même chaudière, le volume de celle-ci, quoique proportionné à celui du savon à créer, doit être bien supérieur (le triple environ), ce qui n'empêche pas chacun de ces récipients de pouvoir dégorger 25 à 30 000 litres de savon. Du reste, le volume de la chaudière peut être artificiellement accru au moyen de hausses mobiles ou rallonges, et, tant pour éviter les accidents que pour simplifier la manœuvre, ce sont des tuyaux convenablement disposés qui vomissent à l'intérieur des chaudières tour à tour l'huile et les lessives. Celles-ci proviennent des soudes dites Solvay, presque pures, contenues dans des sacs amoncelés dans la même salle, et l'usine les caustifie sur place à l'aide de vulgaire chaux qui cependant laisse encore subsister une médiocre proportion d'acide carbonique, lequel, comme nous l'avons indiqué, se dégage pendant la cuisson.

En somme, salle propre, largement balayée par les courants d'air, odeur point désagréable ; partout, des bacs métalliques, des conduites souterraines dont les pieds des visiteurs perçoivent la chaleur, des tuyaux aériens d'où s'échappent des cascades de liquides alcalins. Naturellement les chaudières alignées occupent le centre de l'immense pièce et, dans les coins, on distingue des bassins ou « barquieux » remplis de lessives ayant déjà servi et prêtes à fonctionner de nouveau en changeant de rôle.

Nous avons dit et répété qu'autrefois le savon prenait naissance par le moyen d'une sorte de cuisine empirique fort compliquée et très longue. A présent, les matières, dosées d'avance, sont mixturées de façon à se combiner d'elles-mêmes rapidement et sans addition ultérieure. Le contenu d'un baril peut être déchargé le matin, empâté le jour même, « relevé » par lessive salée et liquidé le lendemain. Néanmoins le fabricant qui se pique de n'obtenir que des produits satisfaisants ne cherche pas à trop précipiter la marche de l'évolution. Le savon marbré est ensuite coulé dans des « mises » ou récipients de pierre dure dont l'établissement, par parenthèse, coûte fort cher et dans lesquels il se refroidit durant 30 à 40 jours, aussi lentement que possible, afin que la cristallisation se propage dans la masse. Il n'est pas même, après ce long délai, bon pour la vente car il doit demeurer encore plusieurs mois empilé avant d'être livré au commerce, et ce n'est qu'ensuite qu'on l'expédie finalement dans des caisses de bois de qualité inférieure, assemblées au moyen de planchettes que débitent les scieries de la banlieue de Marseille. Les savons blancs coulés dans des « mises » plates à rebords en bois sont plus rapidement prêts à être livrés, exception faite pour la variété à l'huile d'olive, qui doit « se faire » en cave pendant un certain temps.

Qu'elle soit intacte ou tranchée en morceaux, chaque « barre » porte la marque du fabricant. Toutes les ménagères connaissent la variété fantaisiste des emblèmes choisis : Soleil dans l'usine que nous avons visitée ; ailleurs Vierge, Lune, Chat, et bien d'autres qu'il serait trop long d'énumérer. Depuis plusieurs siècles, un pentagone entoure la marque : avec le progrès du temps, le nombre de côtés s'est accru et le pentagone, nous ignorons pourquoi, s'est changé en octogone. Les savons dits « bleus » qui contiennent de l'oxyde de fer sont marqués S B (syndicat du bleu). Il est d'usage enfin pour les savons pure huile d'olive d'indiquer cette particularité sur l'étiquette.[1]

Bien que la production des savons de toilette ne soit pas une spécialité de l'usine en question, celle-ci en livre encore une quantité assez importante (un million de kilogrammes) dont l'obtention, à part le soin apporté à la fabrication et le fini des

---

1 Les marques importantes atteignent une valeur considérable et l'une d'entre elles a été vendue dernièrement plus d'un million et demi !

Antoine de Saporta

machines employées, ne se signale par aucune particularité curieuse. Toutefois on nous en voudrait de négliger complètement leur genèse. Comme corps gras, on emploie un mélange de suif et de coprah ; le savon cuit, puis refroidi, est ensuite détaillé en copeaux qu'on imprègne de la couleur et du parfum voulus ; après quoi ces copeaux sont de nouveau pulvérisés par une machine analogue aux broyeurs de couleurs et transformés en rubans. Une boudineuse-peloteuse agglomère ceux-ci et expulse des boudins prismatiques ou cylindriques ; ces derniers, lorsque la pression de la machine les exprime et que leur couleur s'y prête, ressemblent à une banane pelée qui s'étirerait sur une longueur de plusieurs mètres. Finalement, cette pâte est coupée, puis moulée à la presse à balancier.

Abordons un sujet plus propre à intéresser le chimiste ou le manufacturier marseillais. Lorsqu'on traite l'huile par la lessive pour faire des savons, — nos lecteurs ne l'ignorent plus, — il se forme un produit résiduel, jadis sans intérêt, la glycérine découverte au XVIIIe siècle par le Poméranien Scheele. Si la glycérine n'avait jamais servi qu'à garnir certains flacons de toilette et à sucrer le café des diabétiques, — et encore pour ce dernier usage a-t-on d'autres matières aujourd'hui, — on ne s'en préoccuperait guère dans l'industrie. Mais plus tard on découvrit qu'en traitant convenablement par l'acide nitrique cette glycérine, on obtenait un explosif formidable, la « nitroglycérine, » si terrible même que l'usage n'en parut d'abord pas pratique. Ultérieurement toutefois, le Suédois Nobel imagina de faire absorber la nitroglycérine par une poussière minérale inerte ; il obtint ainsi une sorte de pâte qui détonait encore avec violence dans certaines conditions, mais dont on pouvait du moins gouverner la faculté brisante. Telle est l'origine de la dynamite dont l'emploi s'est tout à fait vulgarisé aujourd'hui.

Pour « nitrer » la glycérine, certaines impuretés ne nuisent pas, mais il ne faut pas que la glycérine soit diffusée dans trop d'eau, car la nitro-glycérine (comme les huiles du reste) se rattache à la classe des éthers, suivant l'expression chimique, et les éthers refusent de se former en présence d'un excès d'eau. Or les lessives résiduelles des savonneries sont constituées d'eau, chargée de 7 à 8 pour 100 de glycérine seulement, de chlorure de sodium ou sel marin, et d'un peu de soude que l'huile a laissé échapper. En évaporant à basse température et à basse pression, on élimine l'eau ; le sel se dépose, et il reste de la glycérine, parfaitement utilisable pour l'industrie, après une nouvelle purification qui se pratique en dehors des savonneries. Dans ces dernières usines, on se contente d'utiliser, pour la concentration, la chaleur de la vapeur de retour des chaudières jusqu'à ce que la glycérine forme le 80 pour 100 de la masse, Le reste étant constitué pour parties égales d'eau et de sel.

Il est fâcheux, observait le chef d'usine qui nous transmettait ces détails, que les savonneries phocéennes aient laissé négliger, pendant de longues années et jusqu'à nos jours, l'emploi d'énormes masses de résidus glycériques qui, à dater de 1874, possédaient une valeur commerciale suffisante pour enrichir les fabricants d'une centaine de millions qu'on a précipités dans les flots du golfe.

Aujourd'hui, qu'il s'agisse de glycérine ou de savons, de nouveaux procédés d'obtention, exacts et rationnels, sont étudiés dans divers pays. Après avoir appliqué à la savonnerie, sur des bases à peu près semblables à celles qui sont usitées en stéarinerie, l'extraction par auto-clavation en vase clos, ou par saponification acide, la chimie est entrée dans une nouvelle voie qui peut être féconde dans l'avenir, et c'est à l'aide des ferments naturels ou « enzymes » contenus dans certaines graisses oléagineuses, qu'on tente aujourd'hui avec succès d'opérer le dédoublement des huiles en acides gras et glycérine.

Partie IV

Les anciens Grecs ne s'éclairaient qu'à l'huile. Au contraire, les Romains n'ignoraient pas qu'en entourant d'un cylindre de suif de mouton ou de bœuf, ou de cire d'abeilles, une cordelette tressée servant d'axe, on obtient, par l'inflammation de cette mèche provoquant la combustion lente du corps gras, un procédé très pratique d'éclairage. Aux riches, on réservait la cire comme matière première ; ils usaient de *cerei* ou cierges ; les pauvres se contentaient de chandelles de suif, *candelæ* ; il est probable que souvent les matières premières susdites se mélangeaient. Quoi qu'il en soit, l'usage domestique des cierges ou des chandelles fonctionnait parallèlement pour des emplois religieux déjà fréquents dans les rites du paganisme et que le christianisme développa encore. Il faut convenir que des Catacombes à la Restauration et du Haut Empire à M. Chevreul, mort en somme depuis peu d'années, l'espace de temps embrasse bien des siècles, et cependant il n'y avait pas eu dans l'intervalle de révolution essentielle dans l'art du fabricant ni dans la pratique des consommateurs.

Lorsque, à la température de 170 degrés et dans un autoclave, on traite par une base, la chaux par exemple, et par un excès d'eau les corps gras naturels, animaux ou végétaux, de la glycérine est mise en liberté, et l'on obtient les acides gras à l'état, de sels de chaux insolubles. On les dégage par l'acide sulfurique qui s'empare de la chaux pour former du sulfate de chaux insoluble et ils surnagent au mélange. L'acide oléique ainsi libéré est liquide et ne présente aucun intérêt pour le fabricant de bougies, mais il est accompagné de l'acide margarique ou palmitique de Chevreul et de Frémy et surtout d'acide stéarique découvert par ce premier chimiste en 1811. Ces derniers corps sont solides, bien qu'aisément fusibles, combustibles et éclairants puisqu'ils sont riches en hydrogène et en carbone, brûlant sans odeur et conviennent parfaitement une fois mélangés pour réaliser les propriétés que l'on recherche. Il faut ajouter une fois pour toutes que dans la pratique industrielle on se sert de termes inexacts : au lieu d'acide stéarique, on dit « stéarine » et au lieu d'acide margarique, on emploie l'expression de « margarine. » Il n'y a aucun inconvénient à user de ces abréviations, et même on resserre encore, sous la dénomination unique de « stéarinerie » l'art d'obtenir, en vue de l'éclairage, le mélange précité.

Une bougie en activité, a dit un auteur compétent, représente une minuscule usine à gaz. Au début, sous l'action du foyer d'allumage, la mèche prend feu ; il se développe un peu de chaleur qui suffit à fondre la stéarine voisine de la mèche, stéarine qui ne tarde pas à s'élever dans celle-ci par ascension capillaire et à brûler elle-même en aspirant une nouvelle provision de combustible qui se répare tant que dure la bougie. Si on éteint celle-ci, un nouvel allumage devient d'autant plus facile que la mèche est déjà imprégnée de stéarine qui ne brûle, du reste, qu'après décomposition par la chaleur et production de gaz combustible fortement mêlé de parcelles de carbone. Dans la zone interne qui entoure l'extrémité de la mèche, il y a défaut d'air et excès de carbone ; dans le contour de la flamme extérieure, c'est juste le contraire, mais au point de vue de l'éclat, le résultat apparaît aussi insuffisant, et si une bougie allumée brille bien, c'est surtout par la zone moyenne de sa flamme. Ces détails se lisent d'ailleurs dans tous les traités de chimie élémentaire. Pour rentrer dans la pratique, il convient d'ajouter que la mèche ne doit pas être trop forte, — sinon la flamme s'exagère, — ni trop faible, — sans cela la bougie coule ; — que l'air ambiant doit être pur, ce qu'atteste la triste mine que font les bougies à la fin d'un bal un peu long et animé. Il va sans dire que la mèche doit se maintenir dans l'axe, mais son extrémité doit aussi se plier dans le gaz en ignition de façon à rendre inutile la pratique du mouchage qui jadis était souvent indispensable avec les anciennes chandelles. Bien des fois les érudits ont rappelé la tradition de la cérémonie spéciale aux lustres des spectacles d'autrefois, cérémonie non moins classique que les pièces elles-mêmes ; ils ont célébré ces moucheurs, qui pendant les entr'actes soignaient les feux du lustre et de la rampe, et qui, sous peine d'être hués par le parterre, devaient s'acquitter de leur tâche avec une habileté consommée soumise à des règles aussi sévères que celle des trois unités. Pour en revenir aux mèches du XXe siècle, elles sont en coton tressé dont le serrement des fils et le croisement sont rigoureusement calculés et on les imprègne d'acide borique, matière incombustible, mais fusible par la chaleur qui force l'extrémité de la mèche à se replier dans la flamme.

Malgré tout leur génie scientifique, Gay-Lussac et Chevreul, qui avaient pris vers 1825 des brevets sous des noms d'emprunt pour appliquer leurs découvertes à l'art de l'éclairage, échouèrent assez piteusement, ainsi qu'un industriel porteur du nom de Cambacérès, célèbre à d'autres titres. Les premières bougies ne fonctionnaient guère mieux que les antiques chandelles. Ce furent deux médecins, MM. de Milly et Motard, qui, au début du règne de Louis-Philippe, découvrirent enfin des méthodes pratiques, au double point de vue chimique et industriel, et livrèrent au public une marchandise propre à le satisfaire. Leur première usine s'ouvrit et fonctionnait dans le quartier de l'Arc-de-Triomphe ; de là vient l'origine d'une marque encore très populaire aujourd'hui. La province suivait de près la capitale, car quatre ans plus tard, se fondait à Marseille une fabrique de la même marque, fille de la première et qui subsiste encore aujourd'hui, dirigée par les descendants de son fondateur,

Antoine de Saporta

dont le nom est populaire, non seulement dans le sud de la France, mais dans le monde entier. Elle s'élève dans la banlieue nord de Marseille et présente cette particularité curieuse que les procédés adoptés dès le début pour le climat de Paris ont été modifiés en vue de se plier aux exigences de la chaleur du Midi et que l'industrie de la stéarinerie marseillaise se relie directement à celle connexe de la savonnerie. Seulement, de mille paquets qu'elle livrait par jour il y a soixante-dix ans, la maison est arrivée à en lancer quotidiennement cent quarante mille. Un beau progrès, on le voit !

Comme l'humble chandelle, sa devancière, la bougie a pour matière première le suif ou graisse animale de provenance indigène, associée avec l'huile de palme importée. Mais avant d'épurer ces produits bruts en les soumettant à une transformation radicale, on les ramollit par la chaleur pour accroître leur fluidité et on les entasse dans d'énormes réservoirs cylindriques de tôle. La première opération, et après tout la plus essentielle, consiste à saponifier, c'est-à-dire, comme nous l'avons déjà expliqué, à dédoubler le corps gras en glycérine et acide gras. Mais si les procédés de saponification ne manquent pas, comme en témoigne l'inspection des livres de chimie organique, la poursuite de solutions du problème parfaitement satisfaisantes au double point de vue pratique et économique a épuisé l'imagination des manufacturiers. Cependant leur tâche s'est trouvée simplifiée lorsque les théoriciens découvrirent que certains phénomènes chimiques évolués en vase clos sont influencés par un excès de pression, soit que l'effet même de cette pression entrave la décomposition des substances, soit plutôt parce qu'elle permet de maintenir, tout en élevant la température, les matières sous forme liquide, qui, mieux que l'état solide, favorise le contact et le parfait mélange des molécules à combiner.

Donc l'eau, les corps gras et une petite quantité relative de chaux emprisonnés dans d'immenses autoclaves en cuivre, subissent une cuisson sous la pression énorme de douze atmosphères.[1] Il se forme des acides gras libres, une petite quantité seulement de ces acides étant saturée par la chaux, et aussi de la glycérine, non mélangée de sel comme celle des savonneries. Saturés ou non, les acides

---

1 C'est la pression qui règne dans une masse d'eau à 120 mètres de profondeur (12 kilogrammes par centimètre carré).

gras sont insolubles et surnagent à l'eau glycérinée ; ils peuvent donc être séparés de celle-ci sans difficulté. On concentre à chaud dans le vide le mélange de glycérine et d'eau ; l'eau s'évapore et la glycérine, moins volatile reste. Plus ou moins purifiée par le noir animal, blanche ou blonde, on la livre ensuite au commerce.

Il faut à présent enlever aux acides gras le peu de savon calcaire qu'ils contiennent ; on y parvient par l'acide sulfurique qui s'unit avec énergie à la chaux pour fournir du sulfate de chaux peu soluble. Puis vient un lavage à la vapeur : on se débarrasse de l'excès d'eau par distillation. Désormais les acides gras sont purs. Refroidis et figés, ils sont soumis à un pressage à froid bientôt suivi d'un pressage à chaud qu'ils subissent emprisonnés dans des serviettes de crin. Ce pressage vise à un but très important, c'est d'expulser du mélange toute la partie fluide, à savoir l'acide oléique.[1] Il ne reste donc que la fraction solide constituée par un mélange d'acide stéarique et palmitique, ce qu'on appelle inexactement la stéarine.

Un gâteau de stéarine ainsi épuré ressemble, à la couleur près, à un rayon de miel. Il passe ensuite à la « coulerie » et au « moulage. » Qu'on se figure un immense atelier d'une étendue d'un demi-hectare dans lequel fonctionnent 64 machines à mouler. De nombreuses femmes agiles, proprettes, et jeunes pour la plupart, s'y démènent : presque toutes sont vêtues de couleurs voyantes, rose ou rouge, comme dans toute la Provence marseillaise. Le silence et la tristesse ne règnent guère dans l'atelier, et de bruyantes interpellations lancées en provençal s'y croisent sans interruption. Les mains de ces nombreuses ouvrières n'exercent pas d'effort fatigant, car tout s'y passe automatiquement, et elles n'ont en somme qu'à embrayer ou désembrayer le mécanisme.[2] Plusieurs d'entre elles apportent la stéarine dans de petits seaux qu'elles passent à leurs compagnes ; celles-ci, postées près des machines à couler, puisent avec un vase à bec la matière liquéfiée, la versent dans des moules cylindriques dont la mèche constitue l'axe ; l'immersion dans l'eau chaude parfait la liquéfaction ; un bain d'eau froide intervenant ensuite provoque

1 On conçoit que l'acide oléique ainsi séparé laisse à désirer sous le rapport de la pureté. Avant de l'employer à la fabrication des savons ou à l' « ensimage » des laines, on le purifie en le refroidissant et le soumettant à la pression.
2 Leur gain oscille de 1 fr. 75 à 2 fr. 50 pour un travail de moins de huit heures, établi d'après des règles de roulement assez complexes, car l'atelier ne chôme que de 9 heures du soir à 5 heures du matin.

Antoine de Saporta

la solidification et permet de détacher la bougie du moule. Nous voyons fabriquer sous nos yeux, outre des bougies ordinaires, de longs cierges pour vœux, destinés à brûler devant les autels.

Dans l'atelier suivant, celui des « rogneuses, » fonctionne aussi un personnel exclusivement féminin,[1] qui projette les bougies devant la scie circulaire chargée de les couper à la longueur voulue. D'autres machines mordent sur les rugosités extérieures, polissent, nettoient et impriment sur la bougie neuve la marque de la maison.

Tout en admirant l'agilité des mains des travailleuses, nous remarquons le grand nombre de bougies à cinq trous que l'on est en train de manier ; cette marque se propage de plus en plus, parce que, comme disent les professionnels, la bougie creuse « absorbe ses pleurs en elle-même ; » comme la mèche est boriquée, la propreté du bâton lumineux ne laisse rien à désirer.

Les paquets de bougies sont plies dans des papiers de différentes couleurs qui n'ont aucune signification conventionnelle, sauf la nuance verte qui, parait-il, désigne la marque bourgeoise moyenne. Le papier prend naissance à la stéarinerie même ; il est d'abord fabriqué en gris et reçoit ultérieurement, avant découpage, la couleur à l'aniline qui doit flatter l'œil du client et, sans sortir du même local, il reçoit l'impression. Soixante-cinq machines spéciales doublent, redoublent les fils et assemblent ainsi les futures mèches au milieu d'un tapage infernal qui assourdit les oreilles du visiteur comme le ferait le bruit d'une puissante chute d'eau ; les quelques femmes qui surveillent la besogne mécanique pourraient enfler leurs voix jusqu'à s'enrouer, sans réussir à se faire entendre. Sur un seul geste du propriétaire de l'usine qui appuie sur un levier, les soixante-cinq machines s'arrêtent instantanément et le silence règne, tant est parfait l'agencement du mécanisme de mise en marche et d'interruption.

Entassés dans les wagonnets qui circulent sur rails, tantôt souterrainement, tantôt à ciel ouvert, les paquets de bougies pénètrent à l'intérieur d'immenses magasins, y sont déchargés dans des caisses qui s'amoncellent méthodiquement en d'énormes amas dont la somme représente plusieurs millions de paquets. Les caisses ne proviennent pas des nombreuses scieries mécaniques qui grincent dans la banlieue de Marseille, mais sont constituées

1   Sur 1 800 employés, l'usine compte 700 femmes.

encore à l'usine avec des planches de peuplier, de sapin ou même de vulgaire pin d'Alep débitées elles-mêmes dans les dépendances de la stéarinerie dont elles portent la marque.

Non loin des formidables approvisionnements du magasin de dépôt fonctionne un atelier plus simple, mais non dépourvu d'intérêt. Nous voulons parler de la « ciergerie ; » dans laquelle règne un silence religieux (c'est le cas de le dire) ; on y voit le cierge prendre naissance par simple aspersion progressive de la mèche au moyen de cire puisée dans une bassine inférieure chauffée à la vapeur. Souvent le cierge est teint par des couleurs à l'aniline, souvent aussi, dans ce cas, il est destiné à figurer dans les cérémonies des Arabes. Le culte catholique prend sa revanche avec les cierges de première communion, fabriqués d'abord tout unis et guillochés à l'emporte-pièce suivant la fantaisie de l'ouvrier, tandis qu'ils sont encore chauds, et aussi avec les cierges liturgiques : soit à cire pure et coûtant jusqu'à 5 francs le kilo, soit à façon de cire. Beaucoup de ces produits iront briller à Fourvière ou illuminer Lourdes.

Industrie essentiellement française par ses principes techniques, ses origines, son développement, la stéarinerie s'adresse peu à certains consommateurs étrangers. En effet, dans divers pays comme la Hollande ou la Belgique, on se sert de préférence de bougies de paraffine, parce que cette substance n'y paye aucun des droits d'entrée dont elle est grevée en France. La paraffine qui s'extrait des pétroles comme résidu de distillation est une matière hydrocarbonée, sans oxygène et ne se rattache d'aucune manière aux acides gras quoiqu'elle s'allie très bien avec ceux-ci.[1] Mais, comme produit fabriqué, elle ne saurait être favorisée du bénéfice de l'admission temporaire et acquitte un droit absolument prohibitif de 35 francs par 100 kilogrammes. D'autre pari la bougie, une fois confectionnée, subit 30 francs de droits, aujourd'hui comme après la guerre de 1870, quoique le prix des 100 kilogrammes ait fléchi

1 Paraffine vient du latin *purum affinis*, ce qui, librement traduit, signifie que la paraffine jouit de très peu d'affinité vis-à-vis des réactifs chimiques ; aussi s'en sert-on fréquemment pour enduire le liège des bouchons obturant les flacons contenant des liquides caustiques susceptibles de ronger le verre. Plus molles que les bougies ordinaires, les bougies de paraffine, par une anomalie bizarre, sont cependant moins fusibles et conviennent mieux pour l'éclairage des appartenons des pays chauds. En France, pendant la canicule, la stéarine fond d'ailleurs quelquefois dans les habitations, et un témoin digne de créance nous a affirmé avoir vu le fait se produire à Montauban, au cœur de l'été.

Antoine de Saporta

depuis trente ans de 150 à 100 francs. Autant vaut dire que l'impôt s'est accru d'un tiers. Toutefois les stéariniers ne supportent pas, à proprement parler, les rigueurs de l'exercice, ils achètent des vignettes officielles, comme nous achetons des timbres, à beaux deniers comptants, et, ainsi que sur une lettre, les collent sur les paquets qu'ils lancent dans le commerce. Les neuf dixièmes des bougies confectionnées à Marseille sont absorbés par la consommation ménagère française.

Le reste s'exporte. Nous n'avons pas pu prendre connaissance des statistiques qu'a dressées la Chambre de commerce de Marseille pour l'année 1904 ; la publication n'est pas faite, mais l'année 1903 accuse une augmentation sur la période précédente. Malgré le fléchissement des approvisionnements sollicités par l'Espagne, la Belgique, le Portugal, l'Autriche, la Roumanie, quelques pays d'Afrique et d'Amérique et enfin par l'Australie, on constate de forts accroissements de demandes en Italie, en Egypte, en Chine, en Indo-Chine. Au point de vue absolu, l'Algérie marche en première ligne, puis viennent la Chine, l'Egypte, la Turquie.

Concurrencée, depuis de longues années déjà, par l'huile, le gaz, le pétrole, l'électricité, l'acétylène et l'alcool, la bougie est-elle condamnée à s'éclipser devant ses rivaux et à disparaître de la scène du monde ? Nous ne le croyons pas. Sans doute elle n'émet point une lueur bien fulgurante et doit s'humilier sous ce rapport devant ses brillants partenaires. Mais, se consumant elle-même sur un simple support, elle ne réclame pas d'appareil de combustion plus ou moins cher, plus ou moins propre, et de marche plus ou moins satisfaisante, comme font l'huile, le pétrole, l'acétylène, et ne nécessite en rien l'installation coûteuse, compliquée, parfois encombrante du gaz ou de l'électricité. Comme accidents à craindre, pas d'explosion ; tout au plus de simples taches ; les risques d'incendie réduits à leur minimum. Jamais d'interruption forcée par mauvaise marche, dégradations d'appareil, par chômage forcé d'usines centrales ou par grèves du personnel de celles-ci. La bougie, qui par millions s'échappe d'une grande manufacture, est destinée à coûter de moins en moins au consomma leur, grâce aux progrès de la fabrication, grâce à l'art de transformer de mieux en mieux des matières premières et encore celles-ci jamais ne feront défaut à l'industriel, qui, peut-être un jour, se verra privé de houille et de pétrole dont le stock s'épuisera.

Donc, lumière essentiellement démocratique et, dans un autre ordre d'idées, parfaitement transportable, la vulgaire bougie constitue enfin un approvisionnement de clarté inépuisable et toujours prêt à servir. On brûlera, il est vrai, désormais un peu moins de bougies qu'autrefois dans les vieux pays civilisés, et encore la perte que la stéarinerie subit tous les jours parmi la clientèle riche se compense-t-elle à peu près par les demandes toujours croissantes provenant de la classe peu fortunée. Mais, en ce qui concerne les régions qui s'ouvrent au confort européen, il y a profit net et bénéfice toujours croissant. Rassurons-nous donc, de beaux jours sont encore réservés à l'activité industrielle de Marseille, à ses usiniers, à son commerce d'exportation de produits autochtones. Tant que dans l'univers on se lavera et on lessivera, qu'on s'éclairera dans les intérieurs, les savons et les bougies requises proviendront pour une bonne part des manufactures des Bouches-du-Rhône ; et, non plus cahotés sur les charrettes actuelles, mais voiturés dans les camions automobiles qu'il est déjà question d'établir, iront encore s'entasser dans les wagons du P.-L.-M. ou les soutes des navires de la Joliette.

ISBN : 978-1534854550

Antoine de Saporta

www.ingramcontent.com/pod-product-compliance
Lightning Source LLC
Chambersburg PA
CBHW070340190526
45169CB00005B/1985